Benjamin Aguanor
Gladys Otasowie Igene
Daniel Izevbuwa Osasogie

Padrões de poupança dos criadores de gado de pequena escala do Estado de Edo, Nigéria

Benjamin Aguanor
Gladys Otasowie Igene
Daniel Izevbuwa Osasogie

Padrões de poupança dos criadores de gado de pequena escala do Estado de Edo, Nigéria

ScienciaScripts

Imprint

Any brand names and product names mentioned in this book are subject to trademark, brand or patent protection and are trademarks or registered trademarks of their respective holders. The use of brand names, product names, common names, trade names, product descriptions etc. even without a particular marking in this work is in no way to be construed to mean that such names may be regarded as unrestricted in respect of trademark and brand protection legislation and could thus be used by anyone.

Cover image: www.ingimage.com

This book is a translation from the original published under ISBN 978-620-7-64773-6.

Publisher:
Sciencia Scripts
is a trademark of
Dodo Books Indian Ocean Ltd. and OmniScriptum S.R.L publishing group

120 High Road, East Finchley, London, N2 9ED, United Kingdom
Str. Armeneasca 28/1, office 1, Chisinau MD-2012, Republic of Moldova, Europe
Printed at: see last page
ISBN: 978-620-7-66289-0

PADRÕES DE POUPANÇA DOS CRIADORES DE GADO EM PEQUENA ESCALA NO ESTADO DE EDO, NIGÉRIA

AGUANOR BENJAMIN, IGENE OTASOWIE GLADYS, E OSASOGIE IZEVBUWA DANIEL

DEPARTAMENTO DE ECONOMIA AGRÍCOLA E EXTENSÃO, UNIVERSIDADE AMBROSE ALLI, EKPOMA, ESTADO DE EDO, NIGÉRIA.

MAIL DO AUTOR CORRESPONDENTE: BENJAMINPHDVICTORY@GMAIL.COM

RESUMO

Este estudo investigou os padrões de poupança dos criadores de gado em pequena escala no Estado de Edo, na Nigéria. Foi selecionada uma amostra de 240 criadores de gado em pequena escala de seis Áreas Governamentais Locais (LGAs) e inquiridos através de um questionário estruturado. Para a análise dos dados, foram utilizadas estatísticas descritivas (como percentagem, frequência e média) e estatísticas inferenciais (modelo de regressão logit). Os resultados da análise revelaram que os criadores de gado em pequena escala no Estado de Edo, na Nigéria, adoptaram um padrão de poupança informal, sendo poucos os que praticam padrões de poupança formal. Embora se tenha observado que os inquiridos mantinham as suas contas nos bancos de depósito de dinheiro, não o faziam para poupar, mas sim para efetuar transferências de dinheiro utilizando os Pontos de Venda (POS) para comprar insumos agrícolas e efetuar outros pagamentos. O resultado do Modelo de Regressão Logit revelou que os inquiridos poupam para os seguintes fins: melhorar o bem-estar (ß = 0,273; $P \leq 0,01$), fornecer um amortecedor (ß = 0,204; $P \leq 0,05$), expansão da atividade agrícola (ß = 0,500; $P \leq 0,05$), cumprir as responsabilidades dos filhos (ß = -0,197; $P \leq 0,01$) e construção de casas (ß = 0,318; $P \leq 0,01$). O estudo também revelou que a inflação ($\bar{X}$ = 2,72), os altos custos de produção ($\bar{X}$ = 2,57), o baixo rendimento ($\bar{X}$ = 2,22), o surto de doenças ($\bar{X}$ = 2,22) e a responsabilidade das crianças ($\bar{X}$ = 2,03), em ordem decrescente, são constrangimentos que militam contra a poupança dos criadores de gado em pequena escala. A partir da conclusão, foi demonstrado que a forma informal de poupança era popular entre os criadores de gado em pequena escala. O estudo recomenda uma maior sensibilização para os vários instrumentos formais e informais de poupança entre os criadores de gado em pequena escala, a fim de promover melhores práticas de poupança e melhorar os meios de subsistência económica.

Palavras-chave: Padrões de poupança, pequenos agricultores, criadores de gado

ÍNDICE DE CONTEÚDOS

RESUMO 2

1.INTRODUÇÃO 4

2.METODOLOGIA 11

3.RESULTADOS E DISCUSSÃO 14

4.PADRÕES DE INVESTIMENTO DAS POUPANÇAS DOS CRIADORES DE GADO EM PEQUENA ESCALA .39

5.CONCLUSÃO 44

REFERÊNCIAS 45

1. INTRODUÇÃO

De acordo com a FAO (2017), não existe uma definição padrão de pequenos agricultores. Enquanto Nagayets (2005) concluiu que a falta de uma definição padrão de agricultor de pequena escala resulta de uma grande variedade de tamanhos de explorações agrícolas caracterizadas por pequenas estruturas em diferentes áreas geográficas. No entanto, o Banco Mundial (2016) definiu que os agricultores de pequena escala são agricultores com poucos activos que operam em menos de 2 hectares de áreas agrícolas. Enquanto a FAO (2017) definiu que os agricultores de pequena escala são agricultores que operam sob restrições estruturais, tais como o acesso a uma quantidade sub-óptima de recursos, tecnologia e mercado. Mas o Banco Mundial (2016) resumiu ainda mais o agricultor de pequena escala como agricultores com recursos limitados em comparação com outros no sector. Dixon et al. (2009), definiu o agricultor de pequena escala como famílias agrícolas que lutam para ser competitivas porque a sua dotação de activos é desfavorável em comparação com outros agricultores de grande escala que são mais proficientes no sector agrícola. A agricultura, que é largamente dominada por estes pequenos agricultores na Nigéria, desempenha um papel vital no desenvolvimento da economia, bem como na redução da pobreza, na insegurança alimentar e no aumento do emprego (Ukwuteno et al., 2011 & Osifo e Daramola, 2016). De acordo com o Ministério Federal da Agricultura e do Desenvolvimento Rural (FMARD) e o Banco Mundial (2020), a agricultura na Nigéria é composta por quatro subsectores principais que incluem a pecuária, as culturas, a silvicultura e a pesca. O National Bureau of Statistics (NBS, 2022) revelou que o sector agrícola contribui com 23,20% para o PIB da Nigéria, com o subsector da pecuária a contribuir com 7,02% desse valor. O subsector da pecuária continua a ser uma componente essencial e integral da agricultura da Nigéria, devido às diferentes espécies animais produzidas em toda a paisagem do país (FMARD e Banco Mundial, 2020).

Apesar da importância deste subsector, o crescimento e a produção têm sido lentos devido a vários factores que fazem com que os pequenos agricultores dominem o subsector da pecuária, entre os quais se incluem os constrangimentos colocados pelas doenças dos animais, os conflitos entre agricultores e pastores, os riscos de mercado, os problemas ecológicos, o apoio técnico e financeiro limitado, a indiferença dos jovens em relação à agricultura e políticas governamentais inadequadas, etc. (Upton, 2004; Sheu & Akinyinka, 2013 e Nina, 2020). O FMARD e o Banco Mundial (2020) afirmaram ainda que os pequenos agricultores mistos (ou seja, agricultores que praticam tanto a agricultura como a pecuária), os pastores e os criadores de gado periurbanos são os principais fornecedores da pecuária nigeriana, que inclui bovinos, ovinos, caprinos, suínos e aves de capoeira, bem como microprodutos vivos como caracóis, corta-relvas e abelhas. No entanto, a distribuição do gado na Nigéria mostrou que a produção de aves de capoeira tem uma ampla distribuição nacional; enquanto que a produção de gado bovino, ovino e caprino é mais prevalecente no Norte; os porcos, coelhos, caracóis, cortadores de erva e apicultura estão mais concentrados no Sul da Nigéria (FMARD e Banco Mundial, 2020). Apesar do enorme potencial do subsector da pecuária, os criadores de gado em pequena escala continuam a não conseguir poupar os rendimentos gerados pela sua atividade pecuária.

A poupança é o catalisador da criação de capital e a força motriz do crescimento económico e do desenvolvimento (Barbara et al., 2020). De acordo com Amu e Amu (2012), a poupança é o meio de colocar algo de lado para uso futuro ou o que será considerado despesa diferida em consumo, contingências imprevistas ou investimento. Ogbonna (2018) e Ike e Idoge (2006) definem a poupança como um ato de acumulação de activos que desempenham uma função específica para os criadores de gado de pequena escala. Oluwakemi (2012) considera que a capacidade, a vontade e a oportunidade de poupança dos criadores de gado de pequena escala ao longo de um período de tempo "influenciam significativamente a taxa e a sustentabilidade da acumulação de capital para o crescimento económico". Além disso, Barbara et al. (2020) concluíram que o grau de desenvolvimento alcançado pelos criadores de gado em pequena escala dependeria em grande medida da sua capacidade de acumular poupanças. No entanto, a poupança é uma estratégia de gestão de riscos, mas fornece a base para investimentos futuros (Mkpada e Arene, 2010; Oluwakemi, 2013 & Snehal e Avadhoot, 2021). No entanto, quando Odoemenem et al. (2013) e David (2008), nos seus estudos separados, consideraram os pequenos agricultores em termos de poupança, parece que os criadores de gado em pequena escala são mais constrangidos a fazer poupanças adequadas como resultado de surtos repentinos de doenças, desenvolvimento de pastagens pobres, conflito contínuo existente entre agricultores e pastores, perda de gado para roubos, falta de informação agrícola e crédito, acesso ao mercado, bem como baixos rendimentos e valores culturais. Odoemenem et al. (2013) observaram que os únicos factores que motivam os pequenos agricultores a poupar na agricultura são a melhoria do bem-estar, a proteção contra perdas, a expansão das explorações agrícolas, as responsabilidades dos filhos, a construção de casas, a obrigação de dote e a aquisição de bens duradouros. Em 2018, Ogbonna concluiu ainda que a poupança inadequada dos pequenos agricultores na Nigéria é um dos problemas básicos que limitam o desenvolvimento do subsector da pecuária na agricultura. De acordo com Ajayi (1998), ao longo dos anos, muitos agricultores na Nigéria não têm conseguido poupar adequadamente para as suas actividades pecuárias. Odoemenem et al. (2013) e Sunday et al. (2011), nos seus estudos separados, observaram que os problemas com que se confronta a atividade pecuária na Nigéria podem ser atribuídos a poupanças inadequadas por parte dos criadores de gado em pequena escala. De acordo com Shitu (2012) e Oluwakemi (2012), a acumulação de capital é um pré-requisito importante para melhorar o desenvolvimento da pecuária na Nigéria e, se o volume de poupanças for inadequado para satisfazer as necessidades de investimento, os principais estrangulamentos impedirão e agravarão significativamente os problemas dos criadores de gado em pequena escala. Além disso, o sistema nigeriano está dotado de muitas unidades de poupança autóctones que, através do seu modo de funcionamento informal, proporcionam um fórum participativo para os criadores de gado em pequena escala pouparem para investimentos adicionais nas suas explorações. A maioria dos pequenos agricultores efectua as suas poupanças de forma informal. Isto deve-se ao facto de as instituições financeiras formais na Nigéria apenas prestarem serviços, incluindo facilidades de poupança, a cerca de 35,0% da população economicamente ativa, enquanto os restantes 65,0%, incluindo os criadores de gado em pequena escala, são excluídos dos serviços financeiros formais, o que resulta na poupança informal dos criadores de gado em pequena escala (CBN, 2005; & Osifo e Daramola, 2016). Naturalmente, a Nigéria está dotada de muitas unidades de poupança informais que, através do seu modo de funcionamento informal e flexível, constituem um fórum de poupança para a maioria dos criadores de gado em pequena escala (Nweze, 1990). Hirschland (2005) examinou diferentes estratégias de poupança informal disponíveis entre os criadores de gado em pequena escala na Nigéria. Estas incluem guardar dinheiro em casa, guardar dinheiro com vizinhos, amigos ou membros da família; guardar dinheiro em associações de poupança e crédito rotativas; acumular poupanças e associações de crédito; sociedades cooperativas de crédito e poupança e poupanças em géneros, tais como poupanças sob a forma de ouro, prata e matérias-primas. A maioria dos criadores de gado de pequena escala tem recursos limitados e não tem acesso imediato a serviços financeiros, incluindo facilidades de poupança dos bancos de depósito de dinheiro e outras instituições financeiras formais, devido à ausência de instituições financeiras formais nas zonas rurais e à baixa literacia dos criadores de gado (Oluwepo, 2010). Mesmo alguns dos pequenos criadores de gado que têm acesso a bancos de depósito de dinheiro, ainda não conseguem poupar a sua parte do rendimento devido a constrangimentos que vão desde o atraso associado ao depósito e ao levantamento de dinheiro do banco até aos procedimentos críticos de abertura de uma conta bancária (Snehal e Avadhoo, 2021). Outro estudo revelou que a maioria das instituições financeiras formais não serve os criadores de gado em pequena escala devido à perceção de riscos e incertezas elevados, aos custos elevados envolvidos em pequenas transacções, à perceção de baixa rentabilidade e, mais importante, à incapacidade de fornecer as garantias físicas geralmente exigidas pelas instituições financeiras. De acordo com a CBN (2020), um total de 39,2 milhões de nigerianos adultos, incluindo os criadores de gado em pequena escala, estavam financeiramente excluídos em 2010. Uma análise mais aprofundada revelou que 54,4% da população excluída eram mulheres, 73,8% tinham menos de 45 anos de idade, 34,0% não tinham educação formal e 80,4% residiam em zonas rurais. A literatura empírica revelou que 78% dos pequenos agricultores rurais na Nigéria estavam financeiramente excluídos das actividades das instituições financeiras. Verificou-se também que pouco mais de 27% possuíam contas formais em instituições financeiras, mas apenas 25% utilizavam frequentemente serviços financeiros formais (Premium Times News Paper, 2021). Para garantir a inclusão dos criadores de gado de pequena escala nos serviços das instituições financeiras, em 2010, as instituições financeiras na Nigéria aumentaram as suas infra-estruturas bancárias para um total de 5 797 agências bancárias, 219 958 ATM e 11 223 terminais POS, tendo aumentado para 1 115 272 terminais POS em abril de 2022. Em 2023, o relatório do Punch News Paper mostra que existem 17 caixas automáticos (ATM), 147 dispositivos de ponto de venda (POS), mais de 700 agentes bancários e de dinheiro móvel e quatro agências bancárias por cada 100 000 nigerianos. De acordo com o Asia Development Bank Institutes (ADBI, 2002), a prestação de serviços eficientes de microfinanciamento aos agricultores por parte das instituições financeiras é importante por muitas razões. Em primeiro lugar, a prestação eficiente de serviços de poupança, crédito e seguros permitirá aos agricultores suavizar o consumo, gerir melhor os riscos, construir gradualmente activos, desenvolver microempresas, aumentar a capacidade de obtenção de rendimentos e, de um modo geral, desfrutar de uma melhor qualidade de vida. Em segundo lugar, a prestação de serviços microfinanceiros eficientes aos pequenos agricultores pode também contribuir para melhorar a afetação de recursos, melhorar o acesso aos mercados e, em última análise, o crescimento económico e o desenvolvimento. E, em terceiro lugar, com um melhor acesso ao microfinanciamento das instituições financeiras, os criadores de gado em pequena escala podem participar ativamente e beneficiar de oportunidades de desenvolvimento, como o acréscimo de valor agrícola, para criar oportunidades de rendimento adicionais e melhorar a sua subsistência económica. Mais importante ainda, as actividades das instituições financeiras provam que a taxa de poupança dos criadores de gado em pequena escala é mais elevada do que a taxa de contração de empréstimos, e é possível mobilizar com êxito estes fundos dos criadores de gado em pequena escala se os serviços adequados das instituições financeiras forem alargados aos criadores de gado em pequena escala.

Outro facto importante é que, contrariamente às expectativas, os criadores de gado em pequena escala são dignos de crédito e os serviços financeiros podem ser prestados aos agricultores numa base rentável e com baixos custos de transação, sem terem de depender de garantias físicas. As instituições financeiras podem contribuir para o desenvolvimento do sistema financeiro dos criadores de gado de pequena escala, melhorar a sua subsistência económica se for implementada uma política adequada para harmonizar estes recursos dos agricultores (ADBI, 2002).Odoemenem et al. (2013), Sunday etal. (2011) e Osondu et al. (2015), nos seus estudos separados, observaram que existe basicamente falta de incentivos para os criadores de gado de pequena escala pouparem, o que afectou negativamente a produção, o rendimento e o investimento. Apesar destes problemas, os decisores políticos não elaboraram um plano de poupança rural adequado e abrangente que motive os criadores de gado de pequena escala a poupar. Embora vários académicos tenham realizado várias investigações (Okekpa; 2017; Mamman et al., 2019; Snehal anf Avadhoo, 2021) sobre os padrões ou comportamentos de poupança e investimento dos pequenos agricultores, mas apesar do quantum destas investigações na área de estudo, faltam estudos empíricos sobre os padrões de poupança dos pequenos agricultores no subsector da pecuária. Isto criou uma lacuna na literatura. Esta investigação foi realizada no Estado de Edo para colmatar esta lacuna e contribuir significativamente para o desenvolvimento da produção pecuária no Estado. O objetivo deste estudo é, portanto, investigar os padrões de poupança dos criadores de gado em pequena escala no Estado de Edo, na Nigéria.

2. METODOLOGIA

Este estudo examinou os padrões de poupança dos criadores de gado em pequena escala no Estado de Edo, na Nigéria. Foi adoptada uma técnica de amostragem em várias fases para selecionar propositadamente seis LGAs das 3 zonas agrícolas do Estado, com 2 LGAs seleccionadas de cada uma das zonas; depois disso, foram utilizadas técnicas de amostragem de conveniência e de bola de neve para selecionar 40 criadores de gado em pequena escala de cada LGA. Devido à dispersão desigual dos criadores de gado em diferentes localizações geográficas, o investigador ficou estacionado na área central onde estes criadores de gado se encontravam para comprar alimentos para animais, medicamentos/vacinas e equipamento em cada uma das LGAs seleccionadas para o estudo para administrar o questionário estrutural. Para evitar ser tendencioso e garantir que outros criadores de gado, tais como caprinos, ovinos, suínos e bovinos criados em sistema de liberdade, estivessem bem representados no processo de recolha de dados, na terceira fase, foi adoptada a técnica de amostragem "bola de neve", em que um criador ajudava a sugerir outro criador de gado até se obterem 40 inquiridos nesse LGA. Este método foi repetido em cada um dos 6 LGA seleccionados, o que levou a um número total de 240 inquiridos seleccionados para o estudo.

2.1 Recolha de dados

Para este estudo, foram utilizados dados primários. Os dados primários foram recolhidos através de um questionário bem estruturado ou de uma entrevista oral programada.

2.2 Método de análise de dados

Os dados foram analisados com recurso a técnicas estatísticas descritivas e inferenciais. A estatística descritiva, como a média, foi utilizada para obter os factores que militam contra os padrões de poupança dos inquiridos, enquanto a estatística inferencial, como o Modelo de Regressão Logit, foi utilizada para analisar os factores que influenciam os padrões de poupança dos criadores de gado em pequena escala na área de estudo.

2.3 Especificação do modelo

2.3.1 Modelo de regressão logit

A fim de determinar os factores que influenciam os padrões de poupança dos criadores de gado em pequena escala na área de estudo, foi adotado o modelo logit. Um modelo semelhante foi adotado por Barbara (2020), para determinar os factores que influenciam os padrões de geração de poupanças dos pequenos agricultores na Polónia, enquanto Nyanjige et al. (2017) utilizam a regressão logit para analisar a relação entre os factores socioculturais que influenciam as decisões de investimento em gado entre os pequenos agricultores. A estrutura geral do modelo foi definida da seguinte forma:

$Y_i = In(p_i\ (y = 1)/1\text{-}p_i\ (y = 1) = b + b\ x + b\ x + b\ x + b_{01122334455} + \ x + b\ xb\ x_{66} + b$
$x_{77} + b\ x + b\ x_{8899i} + e(3.3)$

Onde

Y_i = Logit de ter poupanças abaixo ou acima da média

Y(0 = poupança abaixo da média; 1 = poupança acima da média)

Pi (y = 1) = Probabilidade de poupança acima da média b_0 = termo constante

b_1 - b_9 = coeficientes

Em que X -X_{1n} eram as variáveis independentes indicadas a seguir X_1 =
Melhorar o bem-estar (concordo =1, discordo = 0)

X_2 = Migração para o estrangeiro (concordo =1, discordo = 0)

X_3 = Proporcionar uma reserva para fazer face a períodos de crise, como a frustração dos preços, o surto de doenças e a pandemia (concordo = 1, discordo = 0)

X_4 = Pagar as propinas escolares dos filhos (concordo =1, discordo = 0) X_5 =

Cumprir as obrigações do dote (concordo =1, discordo = 0)

X_6 = Celebração de actividades festivas como o Natal, a Páscoa, a festa muçulmana, a festa do inhame (concordo = 1, discordo = 0)

X_8 = Construção de casas (concordo =1, discordo = 0) X_9 = Desenvolvimento de pastagens (concordo =1, discordo = 0)

2.3.2 Constrangimentos que militam contra a poupança

O condicionalismo que impede a poupança foi medido da seguinte forma:

1. baixo rendimento (Muito grave 3, grave 2, não grave 1)
2. Sem vendas (Muito grave 3, grave 2, pouco grave 1)
3. Custos elevados dos animais reprodutores (Muito grave 3, grave 2, não grave 1)
4. Responsabilidade das crianças (Muito grave 3, grave 2, nada grave 1)
5. Surto súbito de doenças (Muito grave 3, grave 2, não grave 1)
6. Nível de instrução dos agricultores (Muito grave 3, grave 2, pouco grave 1)
7. Valores culturais (Muito grave 3, grave 2, pouco grave 1)
8. Factores ecológicos (Muito grave 3, grave 2, não grave 1)
9. Furto/roubo de animais (Muito grave 3, Grave 2, Pouco grave 1)

Estes eram os problemas que militavam contra a poupança na atividade de produção animal. Os constrangimentos à poupança foram medidos numa escala de Likert de 3 pontos, com 'muito grave' (codificado 3), grave (codificado 2) e não grave (codificado 1). A pontuação média ponderada de 2,00 foi utilizada para determinar se os condicionalismos eram graves ou não. A média ponderada foi determinada da seguinte forma (3+2+1)/3 =6/3 = 2,00

Foi utilizada para o estudo uma média de 2,00, o que implica que os constrangimentos são graves, acima de 2,00, o que implica que são muito graves e abaixo de 2,00, o que implica que não são graves.

3. RESULTADOS E DISCUSSÃO

3.1 Características socioeconómicas que afectam os padrões de poupança dos inquiridos

3.1.1 Idade dos inquiridos

A Figura 3.1.1 apresenta a distribuição etária dos inquiridos na área de estudo. A partir da figura 3.1.1, observou-se que 20% dos inquiridos tinham menos de 30 anos de idade, 37% tinham entre 31 e 50 anos de idade, 32% tinham entre 51 e 60 anos de idade, 8% tinham entre 61 e 70 anos de idade e 3% dos inquiridos tinham mais de 70 anos de idade, sendo a idade média de 50 anos. Estes resultados revelaram que a maioria dos inquiridos se encontrava na faixa etária ativa. Isto indica ainda que havia pessoas relativamente jovens e muito activas envolvidas na atividade de produção animal na área de estudo. Achados semelhantes foram relatados por Oluwakemi (2013), que observou que muitos criadores de gado em pequena escala no seu estudo tinham entre 40-59 anos de idade, indicando que a criação de gado em pequena escala estava em grande parte nas mãos de indivíduos relativamente jovens e activos.

Figura 3.1.1 Distribuição etária dos inquiridos

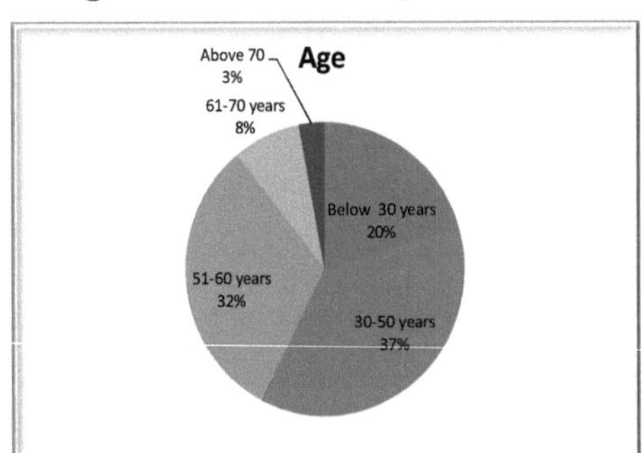

Fonte: Calculado a partir do inquérito de campo, 2023

3.1.2 Género dos inquiridos

O género dos inquiridos, como mostra a Figura 3.1.2, revelou que 65% dos inquiridos eram do sexo masculino e 35% do sexo feminino. Pode observar-se a partir do resultado que a maioria da população de criadores de gado (65%) era constituída por agricultores do sexo masculino. Os resultados revelam que a produção animal em pequena escala é dominada por agricultores do sexo masculino. A razão deste predomínio pode ser atribuída ao facto de grande parte (65%) dos inquiridos na área de estudo serem do sexo masculino, e também ao desejo de manterem a sua responsabilidade de suportar os encargos financeiros da família, tendo-se dedicado à criação de gado como uma ocupação para obterem rendimentos que sustentassem a sua subsistência económica. Este estudo é contrário às conclusões de Oladunni e Fatuase (2014), que referem que o agregado familiar feminino dominava a atividade de produção de gado. No entanto, o estudo concorda com o relatório de Amos (2007) e Maikasuwa e Jabo (2011), que referem que o agregado familiar masculino dominava a atividade de produção animal.

Figura 3.1.2 Distribuição dos inquiridos por género

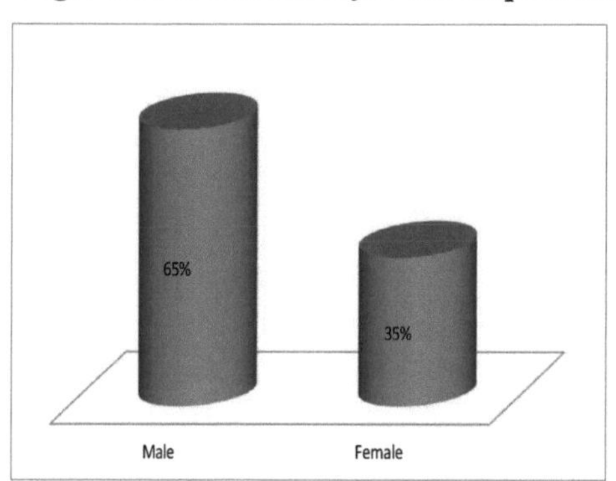

Fonte: Calculado a partir do inquérito de campo, 2023

3.1.3 Estado civil dos inquiridos

A Figura 3.1.3 mostra o estado civil dos inquiridos. Observou-se que 67% dos inquiridos eram casados, 20% eram solteiros, 4% eram divorciados, 6% eram viúvos e 3% eram separados. Os resultados revelaram que a maioria da população de criadores de gado (67%) era casada na área de estudo. A razão pela qual os agregados familiares casados se dedicavam mais à produção pecuária na área de estudo pode dever-se ao facto de os agregados familiares casados terem mais responsabilidades do que os agregados familiares solteiros. No entanto, devido a essas responsabilidades, os agregados familiares casados dedicam-se à atividade pecuária como uma ocupação para obterem rendimentos e satisfazerem as necessidades da família. Uma vez que há um grande número de responsabilidades a cumprir como chefe de família, eles dedicam-se à atividade pecuária como meio de subsistência para sobreviver e apoiar as actividades económicas na área de estudo. Esta constatação corrobora o estudo segundo o qual os agricultores casados estavam mais envolvidos na atividade pecuária do que os agricultores solteiros (Amos, 2007; Ekunwe et al., 2009 & Maikasuwa e Jabo, 2011).

Figura 3.1.3 Estado civil dos inquiridos

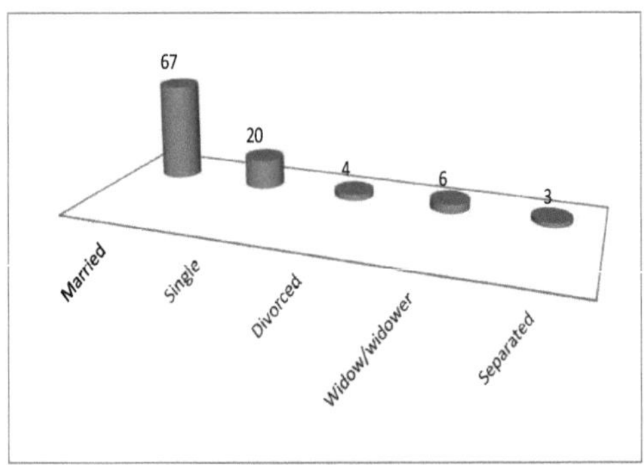

Fonte: Calculado a partir do inquérito de campo, 2023

3.1.4 Dimensão do agregado familiar dos inquiridos

A dimensão do agregado familiar dos inquiridos é apresentada na figura 3.1.4. A partir da figura, verificou-se que 39% dos inquiridos tinham um agregado familiar com menos de 5 membros, 47% tinham um agregado familiar entre 6-10 membros, 6% tinham um agregado familiar entre 11-15 membros e 9% tinham um agregado familiar com mais de 15 membros. A dimensão média do agregado familiar era de 9 membros por agregado familiar, o que indica um agregado familiar grande. Um agregado familiar grande pode ter um efeito negativo nos padrões de poupança dos criadores de gado de pequena escala. Isto porque quanto maior for a dimensão do agregado familiar, maiores serão as despesas de consumo, o que reduz a taxa de poupança dos inquiridos. Este estudo está em consonância com o estudo de Browning e Lusardi (1996), Loayza e Shankar (2000), Gardio (2004) e Orbeta (2006), e Oluwakemi (2013), que salientaram que quanto maior a dimensão da família, menor a taxa de poupança do agregado familiar devido a maiores despesas de consumo.

Figura 3.1.4 Dimensão do agregado familiar dos inquiridos

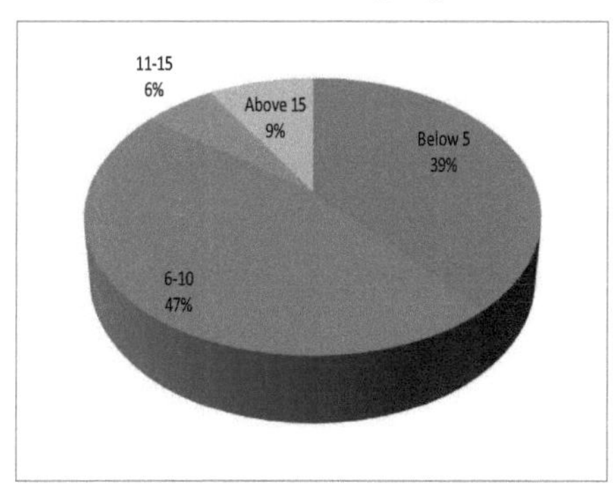

Fonte: Levantamento de campo computorizado, 2023

3.1.5 Outras actividades exercidas pelos criadores de gado em pequena escala

A figura 3.1.5 apresenta as outras actividades exercidas pelos criadores de gado em pequena escala, para além das actividades pecuárias. A partir da figura, observou-se que (49%) dos criadores de gado em pequena escala se dedicavam à agricultura, 11% à pesca, 11% também eram pequenos comerciantes, 2% eram artesãos e 26% eram funcionários públicos. Isto mostra que a atividade pecuária na área de estudo não era uma atividade a tempo inteiro para os inquiridos. A maioria dos criadores de gado estava envolvida noutros negócios, talvez para obter um rendimento extra. A partir desta constatação, observou-se que os inquiridos diversificaram a sua atividade para outros subsectores agrícolas e para outras actividades não agrícolas, a fim de obterem rendimentos adicionais e aumentarem a taxa de poupança, de modo a melhorar a subsistência económica da família. Este estudo está em consonância com a literatura de Gersovitz (1995), que sugeriu que os agricultores que obtêm baixos rendimentos de apenas uma fonte têm pouca ou nenhuma poupança quando comparados com os agricultores que obtêm rendimentos de outras fontes. Da mesma forma, o estudo também está em consonância com o estudo de Oluwakemi (2013), que afirmou que os criadores de gado diversificaram as suas actividades para obterem rendimentos extra e sustentarem as suas famílias numerosas.

Figura 1.5 Outras profissões dos inquiridos

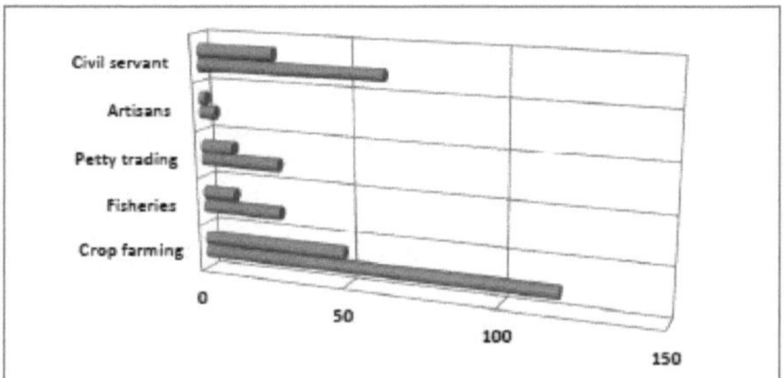

	Crop farming	Fisheries	Petty trading	Artisans	Civil servant
Series2	49	11	11	2	26
Series1	118	27	27	5	63

Fonte: Calculado a partir do inquérito de campo, 2023

3.1.6 Nível de escolaridade dos inquiridos

Como mostra a Figura 3.1.6, 8% dos inquiridos não tinham educação formal, 9% tinham educação primária, 32% tinham educação secundária, 45% tinham educação terciária e 7% tinham educação pós-graduada. Os resultados mostraram que a maioria (83%) dos criadores de gado de pequena escala na área de estudo tinha formação académica. Isto significa que a atividade pecuária estava maioritariamente nas mãos de agricultores instruídos na área de estudo. Isto está de acordo com o estudo de Adams et al (2016), que afirmou que os agricultores experientes e instruídos estavam agora a envolver-se no negócio da produção animal.

No entanto, esta constatação revelou ainda que a maioria dos criadores de gado de pequena escala são alfabetizados, bem preparados e experientes na atividade agrícola para introduzir métodos modernos de produção animal que garantam a segurança alimentar e o desenvolvimento da produção animal. Este estudo também está de acordo com as conclusões de Adebayo e Adola (2005), que afirmaram que a educação está estatisticamente significativa e positivamente relacionada com a produtividade média. Isto significa que, quanto mais elevado for o nível de instrução dos criadores de gado de pequena escala, maior será a produtividade da sua atividade pecuária.

Figura 3.1.6 Níveis de escolaridade dos inquiridos

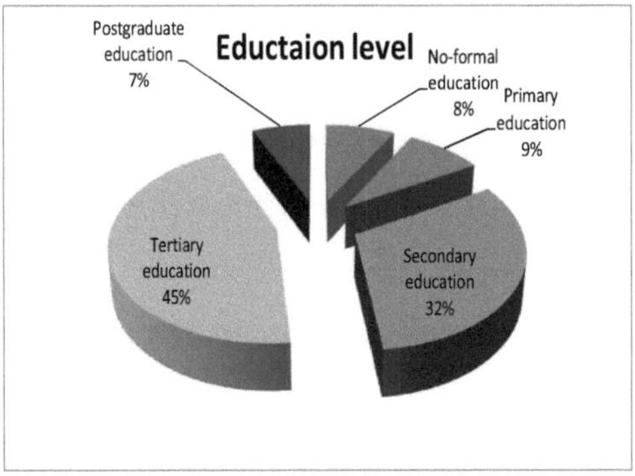

Fonte: Calculado a partir do inquérito de campo, 2023

3.1.7 Experiência de criação dos inquiridos

Como mostra a Figura 3.1.7, 32% dos inquiridos tinham menos de 5 anos de experiência na criação de gado, também 32% tinham entre 6-10 anos de experiência na criação, 13% tinham entre 11-15 anos de experiência na criação e 23% dos inquiridos tinham mais de 15 anos de experiência na criação de gado, com uma média de experiência de 9 anos. Isto significa que os criadores de gado de pequena escala na área de estudo tinham experiência suficiente para ter sucesso na atividade pecuária. Do estudo pode concluir-se que, à medida que o número de anos na atividade agrícola aumenta, os conhecimentos sobre a produção animal também aumentam. Isto implica que os anos de experiência agrícola aumentaram os conhecimentos que os inquiridos tinham sobre a atividade de produção animal, necessários para fazer crescer a empresa agrícola. À medida que os anos de experiência aumentavam, eles eram capazes de elaborar estratégias e superar os desafios que enfrentavam anualmente na atividade pecuária. Isto está em consonância com a conclusão de Oluwakemi (2013), que referiu que os criadores de gado tinham muita experiência nas suas actividades pecuárias.

Figura 3.1.7 Experiência dos inquiridos na criação de gado

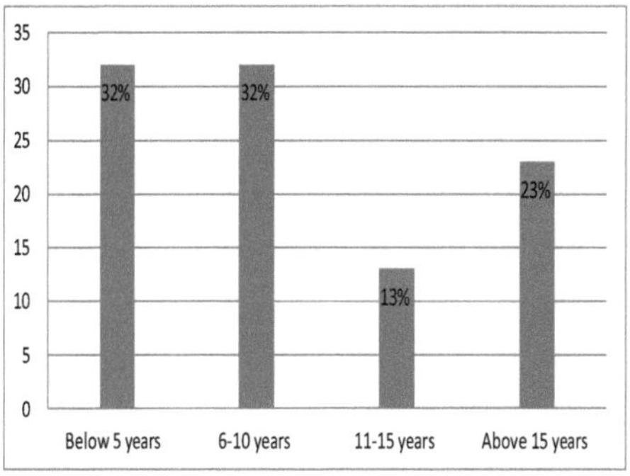

Fonte: Calculado a partir do inquérito de campo, 2023

3.1.8 Adesão à associação pelos inquiridos

A Figura 3.1.8 mostra a participação dos inquiridos em associações. A partir da figura, observou-se que a maioria dos inquiridos (60%) não era membro de nenhuma organização, mas 40% eram membros de organizações. O resultado revelou que uma grande parte dos inquiridos (60%) não pertencia a nenhuma associação agrícola. A implicação disto é que, devido à falta de filiação num grupo de organizações, não puderam ter acesso a informações sobre o mercado e a facilidades de crédito para impulsionar as suas actividades agrícolas. No entanto, observou-se que, até certo ponto (40%), os criadores de gado de pequena escala eram membros de organizações e, como tal, tinham acesso a informações sobre agricultura/mercado e crédito que os tornavam muito produtivos na atividade pecuária. Isto implica que quanto mais acesso os agricultores tinham ao crédito e à informação, mais conseguiam poupar. Assim, o facto de pertencerem a um grupo de agricultores fá-los-á cumprir este papel.

Isto, por sua vez, ajudá-los-á a ter sucesso na atividade pecuária. Este estudo é contrário à conclusão de Ohajianya et al (2013), que referiu que a maioria dos criadores de gado de pequena escala, 66%, pertence a associações de agricultores.

Figura 3.1.8 Associações de que os inquiridos são membros

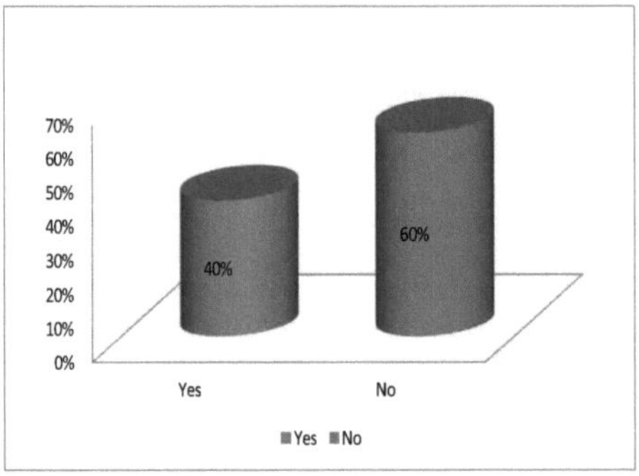

70%
60%
50%
40%
30%
20%
10%
0%
40%
60%
Yes
No
Yes No

Fontes: Calculado a partir do inquérito de campo, 2023

3.1.9 Acesso ao crédito pelos inquiridos

A Figura 3.1.9 revelou o nível de crédito a que os inquiridos tiveram acesso. A partir da Figura, observou-se que (62%) dos inquiridos não têm acesso ao crédito e apenas 38% têm acesso ao crédito. Os resultados revelaram que uma grande proporção (62%) dos criadores de gado de pequena escala não tinha acesso a facilidades de crédito e, por isso, não podiam investir na sua empresa agrícola. Pode, portanto, deduzir-se da constatação que as razões pelas quais a maioria dos inquiridos não conseguiu aceder a facilidades de crédito podem ser atribuídas a vários factores, tais como a relutância das instituições financeiras em conceder empréstimos à atividade pecuária devido ao risco e à incerteza associados à agricultura, as elevadas taxas de juro cobradas sobre os empréstimos, as condições rigorosas exigidas para obter empréstimos bancários, a falta de disponibilidade de bancos nas zonas rurais onde a maioria das actividades agrícolas são realizadas. Esta constatação está em consonância com a de Ohajianya et al. (2013), que afirmaram que apenas 31% dos criadores de gado tinham acesso a crédito para expandir os seus negócios, enquanto Oluwakemi (2013) concluiu que as elevadas taxas de juro cobradas pelas instituições financeiras, bem como o risco e a incerteza associados à agricultura, na qual se inclui a pecuária, impediram os criadores de gado de pequena escala de aceder a facilidades de crédito das instituições financeiras. Além disso, observou-se que a incapacidade dos inquiridos de aceder a facilidades de crédito limitou os seus padrões de poupança. Isto impediu o crescimento da empresa agrícola devido à falta de fundos para investir na produção pecuária, uma vez que os criadores de gado têm de gastar as suas poupanças para satisfazer as necessidades domésticas em vez de investir na atividade pecuária. Isto significa que se tivessem acesso a facilidades de crédito, poderiam investir e também satisfazer as necessidades dos seus agregados familiares. Esta constatação é consistente com o estudo de Nwodo et al. (2017), que observou que a falta de fundos limitava os avicultores a investir na sua atividade.

Figura 3.1.9 Acesso ao crédito pelos inquiridos

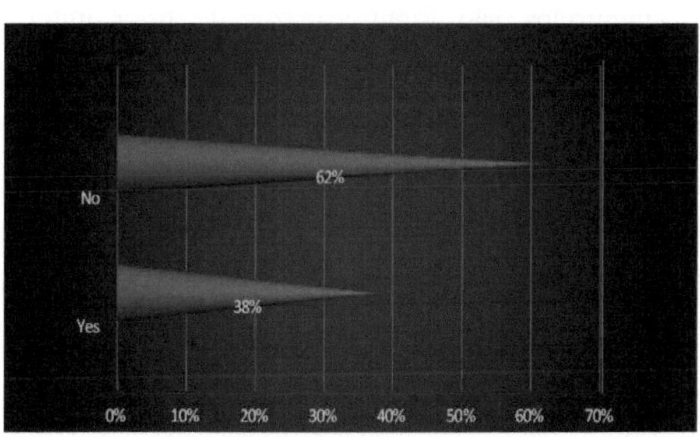

Fontes: Calculado a partir do inquérito de campo, 2023

3.1.10 Volume de crédito dos inquiridos

A Figura 3.1.10 mostra os volumes de crédito dos inquiridos. Utilizando o valor de referência médio de ₦533.367, os inquiridos com volumes de crédito abaixo da média foram considerados como tendo baixos volumes de crédito para a produção em pequena escala, os inquiridos com volumes de crédito médios foram considerados como tendo volumes de crédito moderados para a produção em média escala, e acima da média volumes de crédito elevados para a produção em grande escala. Observou-se na Figura 3.1.10 que (68%) dos inquiridos tinham menos de ₦100.000 volumes de crédito, 13% tinham entre ₦100.100-500.000 volumes de crédito, 3% tinham entre ₦500.100-1.000.000 volumes de crédito e 16% tinham acima de ₦1.000.000 volumes de crédito com volumes de crédito médios de ₦533.367 por ano. Os resultados revelaram que uma grande parte dos inquiridos (68%) dispunha de uma base de capital reduzida, inferior ao volume médio de crédito de 533-367 USD, para investir e expandir a sua empresa agrícola. A partir desta constatação, observou-se que, devido aos baixos volumes de crédito dos inquiridos, estes não eram capazes de se envolver na produção de gado em grande escala, mas apenas em pequena escala. Uma vez que o capital era necessário para comprar insumos agrícolas para a expansão da exploração, os inquiridos não foram capazes de fazer muito, mas foram encontrados a operar a nível de pequena escala devido ao facto de que uma pequena quantidade de crédito estava disponível para eles. Esta foi uma das razões pelas quais as actividades pecuárias estavam em grande parte nas mãos dos pequenos agricultores da área de estudo. Esta constatação é semelhante ao estudo de Shitu (2012) e Oluwakemi (2012), que referiram que a acumulação de capital é um pré-requisito importante para melhorar o desenvolvimento da pecuária na Nigéria e que, se o volume de crédito for inadequado para satisfazer as necessidades de investimento, os principais estrangulamentos impedirão significativamente e agravarão os problemas dos criadores de gado em pequena escala.

Figura 3.1.10 Volume de crédito dos inquiridos

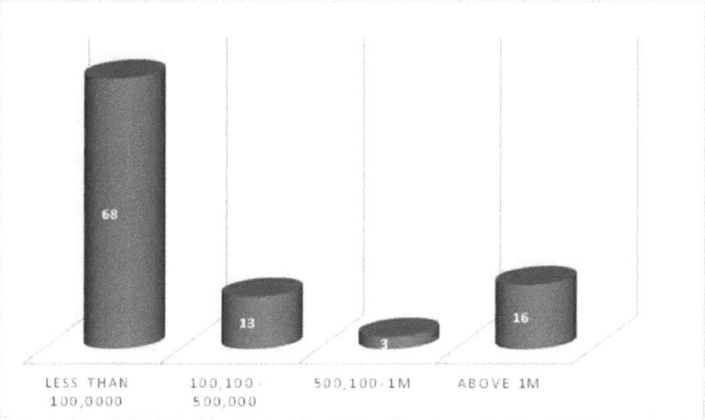

Fontes: Calculado a partir de Inquérito de campo, 2023.

3.2. Rendimento por ciclo de produção dos inquiridos

O Quadro 3.2 apresenta o rendimento por ciclo de produção dos criadores de gado em pequena escala. A partir do inquérito, registou-se que os pequenos agricultores se dedicam à atividade pecuária e geram rendimentos a partir da venda de produtos animais. Utilizando o rendimento médio de N431.275, o agricultor com um rendimento inferior a N431.275 por ciclo de produção foi considerado como agricultor de baixo rendimento, o agricultor com um rendimento médio de N431.275 por ciclo de produção foi considerado como agricultor de rendimento moderado e o agricultor com um rendimento superior a N431.275 por ciclo de produção foi considerado como agricultor de rendimento elevado e tem dinheiro suficiente para poupar. A análise do Quadro 3.2 revelou que 33,3% tinham menos de N100.000 de rendimento por ciclo de produção, 26,7% tinham entre N100.100 e 250.000 por ciclo de produção, 23,3% tinham N250.100-500.000 por ciclo de produção, 10,0% tinham N500.100-750.000 por ciclo de produção e apenas 6,7% tinham N750.000 e mais por ciclo de produção, com um rendimento médio por ciclo de produção de N431.275, indicando um rendimento moderado. Isto significa que 60% da população agrícola eram agricultores de baixo rendimento, com um rendimento inferior ao rendimento médio por ciclo de produção de N431.275, 23,3% eram agricultores de rendimento moderado e 17% eram agricultores de rendimento elevado, com um rendimento superior ao rendimento médio de N431.275 por ciclo de produção na área de estudo. A implicação é que uma grande proporção (60,0%) mal conseguia poupar, uma vez que, como agricultores com família, têm responsabilidades sociais e, como tal, precisam de gastar em consumo durante a época baixa, em que as despesas de produção seriam elevadas. Esta maioria (60,0%) da população de criadores de gado acaba por ter menos ou não poupar do rendimento por ciclo de produção. Este padrão, por vezes, continua a repetir-se como uma reação em cadeia numa base anual, resultando numa produção de gado em pequena escala na área de estudo.

Tabela: 3.2 Rendimento por ciclo de produção dos inquiridos

Rendimento mensal (N)	Frequência	Percentagem	Média (N)
Inferior a 100 000	80	33.3	
100,100-250,000	64	26.7	
250,100-500,00	56	23.3	
500,100-750,000	24	10.0	
750.000 e mais	16	6.7	
Total	240	100.0	431,275

Fonte: Calculado a partir do inquérito de campo, 2024

3.3 Quantum de poupanças dos inquiridos

O quadro 3.3 mostra o montante das poupanças dos inquiridos. A partir da tabela, a média ponderada foi de N383.366,67. Utilizando o valor de referência médio de N383 366,67, os inquiridos que pouparam abaixo do valor médio revelam uma poupança baixa com um nível de investimento reduzido e uma poupança acima do valor médio revela uma poupança elevada e um nível de investimento elevado. A partir do quadro, pode observar-se que 20,83% dos inquiridos fizeram poupanças baixas de N100.000, 50,42% fizeram poupanças moderadas de N300.050 e 28,75% fizeram poupanças elevadas de N750.059, com uma poupança média de N38366,67 por ciclo de produção. Os resultados revelaram que a maioria (71,24%) da população agrícola da área de estudo poupou abaixo dos valores médios. Embora os inquiridos tenham poupado, as suas poupanças não foram suficientes para comprar ferramentas e equipamentos agrícolas modernos que lhes permitissem expandir a sua atividade agrícola. No entanto, os inquiridos conseguiram dedicar-se à atividade pecuária em pequena escala. Esta foi uma das muitas razões pelas quais os criadores de gado em pequena escala dominavam a área de estudo. Outras razões citadas na área de estudo como responsáveis pela poupança abaixo dos meios poderiam ser a grande dimensão da família dos inquiridos, as despesas de consumo, o elevado custo de produção, o desvio das receitas agrícolas para negócios não agrícolas, entre outros, que contribuíram para reduzir os volumes de poupança dos inquiridos. Este estudo é consistente com as conclusões da FAO (2017), que relatou que os criadores de gado em pequena escala são agricultores com baixo capital, lutando para serem competitivos porque a sua dotação de activos é desfavorável para serem proficientes no sector agrícola. Além disso, o estudo também concordou com os resultados obtidos por Ajayi (1998), Sunday et al. (2011), Odoemenem et al. (2013) e Ogbonna (2018), que, nos seus estudos separados, referiram que os problemas com que se confronta a atividade pecuária na Nigéria são atribuídos a poupanças inadequadas, que afectaram negativamente a produção, o rendimento e o investimento na agricultura.

Tabela: 3.3 Quantum de poupança do inquirido

Categoria de poupança	Quantum de poupança (N)	Frequência	Percentagem (%)
Poupança reduzida	100,000	40	20.83
Poupança moderada	300,050	121	50.42
Poupança elevada	759,050	69	28.75
Total	1,150,100	240	100
Média ponderada	383,366.67		

Fonte: Calculado a partir do inquérito de campo, 2023

3.4. Padrões de poupança dos criadores de gado de pequena escala

O Quadro 3.4 mostra os padrões de poupança dos criadores de gado em pequena escala. A partir do quadro, pode-se observar que os criadores de gado em pequena escala geraram receitas com a venda de produtos animais. A maioria destes criadores de gado em pequena escala poupou algumas proporções das suas receitas geradas pela empresa agrícola como poupanças pessoais nos seguintes padrões múltiplos: guardar dinheiro em casa 39%, guardar dinheiro com vizinhos, amigos e membros da família 26%; poupança acumulada e associação de crédito 30%; cooperativa 30%; poupanças em géneros, tais como a compra de propriedades, jóias, matérias-primas 38%; banco de depósito de dinheiro 86% e acções futuras 6%. Este resultado revelou que a maioria dos inquiridos na área de estudo adoptou uma forma informal de poupança, à margem da forma financeira oficial de poupança, "o banco de depósito de dinheiro". Esta constatação foi confirmada pelo relatório obtido pela CBN (2020) e pelo Premium Times News Paper (2021), que indicou que, em 2018, mais de 58% dos 96,4 milhões de adultos da Nigéria estavam incluídos financeiramente em serviços de instituições financeiras, o que significa que ainda existe um défice de inclusão financeira para os pequenos agricultores na Nigéria. Este défice leva a que os criadores de gado de pequena escala pobres e com baixos rendimentos continuem a depender de escassas fontes de autofinanciamento ou informais de financiamento. Além disso, as conclusões do estudo revelaram que a política de redesenho do Naira, mal implementada em 2022/2023 pelo Banco Central da Nigéria (CBN), que afectou todos os sectores da economia no acesso aos seus fundos no banco com transferências e levantamentos limitados de dinheiro, poderia ter provocado um aumento da operação da forma informal de poupança na área de estudo. Os criadores de gado preferiam guardar dinheiro em casa, poupanças em associações de crédito e cooperativas acumuladas como paraíso de poupança, em vez de irem ao banco. Embora se tenha observado que os inquiridos mantinham as suas contas nos bancos de depósito de dinheiro, não o faziam para poupar, mas para efetuar transferências de dinheiro utilizando os Pontos de Venda (POS) para comprar insumos agrícolas e efetuar outros pagamentos. Além disso, os resultados indicam que os inquiridos adoptaram padrões de poupança em espécie. Alguns inquiridos compraram propriedades, tais como terrenos, com o objetivo de os revenderem no futuro, quando os terrenos se valorizarem numa determinada percentagem. Quando a terra finalmente se valorizou, venderam a propriedade fundiária e investiram os rendimentos na sua atividade agrícola. Este estudo corresponde às conclusões de Wolz, (1997), Atoyebi e Ijaiya, (2010), Ugwuja (2014), que observaram na sua literatura que os pequenos agricultores adoptaram formas informais de poupança, tais como guardar dinheiro em casa; guardar dinheiro com vizinhos, amigos e familiares; associação de poupança e crédito, cooperativas; poupanças em espécie, juntamente com o banco comercial, a forma formal de poupança. No entanto, a atitude dos bancos de depósito de dinheiro em relação aos agricultores inibiu os criadores de gado de pequena escala de poupar. Isto confirma as conclusões de Gandihimathi e Vanitha (2010), e Onuoha (2013), que observaram que os obstáculos enfrentados pelos criadores de gado de pequena escala nos bancos de depósito de dinheiro provocaram um interesse renovado nas operações dos serviços financeiros informais. Esta constatação também é semelhante ao relatório da CBN (2020), que referiu que a maioria das instituições financeiras formais não serve os criadores de gado em pequena escala devido à perceção de riscos e incertezas elevados, aos custos elevados envolvidos em pequenas transacções, à perceção de baixa rentabilidade e, mais importante, à incapacidade de fornecer as garantias físicas geralmente exigidas pelas instituições financeiras.

Tabela: 3.4 Padrão de poupança dos inquiridos (n =240)

Padrão de poupança	Frequência	Percentagem
Dinheiro em casa	69	29
Dinheiro com vizinhos, amigos e familiares	62	26
Poupança acumulada e associação de crédito	72	30
Cooperativa	72	30
Em espécie (poupanças como a compra de terrenos, jóias, matérias-primas, etc.)		
materiais)	92	38
Depósito de dinheiro Banco	206	86
Estoque futuro	14	6
Fonte: Calculado a partir do inquérito no terreno, 2023		

3.5. Resultado da Regressão Logit dos Factores que Influenciam o Padrão de Poupança dos Inquiridos

Os resultados mostraram que existia um grau muito elevado de confiança e uma boa adequação do Prob (LR Statistics = 0,000) no estudo, que eram altamente significativos a 1% de probabilidade. O valor do coeficiente de determinação ($R2$) foi de 0,86 e implica que as variáveis explicativas consideradas no modelo explicam cerca de 86% das variações da variável dependente, sendo que a melhoria do bem-estar, o fornecimento de amortecedores, a expansão da atividade agrícola, a satisfação das responsabilidades dos filhos e a construção de casas foram factores significativos que influenciaram o padrão de poupança dos inquiridos na área de estudo. O coeficiente para melhorar o bem-estar (ß = 0,2736) foi positivo e significativo ao nível de 5% de probabilidade. Isto significa que uma tentativa unitária dos inquiridos para melhorar o seu bem-estar resultou numa maior probabilidade de aumento das poupanças; com o objetivo de investir as poupanças no negócio da pecuária, a fim de obter mais lucros. Como os inquiridos desejavam ter uma vida melhor e melhorar o seu bem-estar, aumentaram os seus níveis de poupança para poderem investir na sua empresa agrícola e gerar rendimentos suficientes no futuro que melhorariam a sua subsistência económica. Isto está de acordo com o estudo de Rotter (2002), que sugeriu que os criadores de gado em pequena escala têm de assumir um papel adicional de empresário e fazer grandes poupanças na sua empresa agrícola, de modo a melhorar o seu bem-estar. O coeficiente para a proteção contra perdas (ß = 0,2045) foi positivo e significativo ao nível de 5% de probabilidade. Isto significa que, em qualquer tentativa unitária, a criação de um amortecedor para a família e a sua capacidade de enfrentar os períodos de crise (como a flutuação dos preços, o surto de doenças na exploração) resultaram num aumento da probabilidade de poupança. Isto é consistente com os resultados obtidos por Rutherford (1999), Zeller e Sharma (2000) e Osondu et al. (2015) que, nos seus estudos separados, revelaram que fornecer um amortecedor e ajudar a enfrentar tempos de crise como a flutuação dos preços, o surto de doenças e a pandemia motivam a poupança entre os criadores de gado. O estudo está ainda em consonância com o estudo de Amu e Amu (2012), que sugeriu que a poupança significa pôr algo de lado para uso futuro ou o que será considerado diferido no consumo, contingências imprevistas ou investimento. O coeficiente para a construção de habitações (ß = 0,3177) e a expansão da exploração agrícola (ß = 0,5002) foram positivos e significativos ao nível de 1% de probabilidade. Isto implica que um aumento unitário da dimensão da exploração e da construção de habitações resultou numa maior probabilidade de aumento das poupanças, o que, por sua vez, aumentou o investimento na empresa agrícola. Os resultados revelaram que, à medida que os agricultores planeiam expandir a sua exploração agrícola, aumentam gradualmente a taxa de poupança para investir tanto em activos agrícolas (como o aumento do número de existências, ferramentas e equipamento agrícola) como em activos não agrícolas (como a construção de casas, a compra de terrenos, jóias, etc.). Esta constatação revelou que a motivação para expandir a atividade pecuária resultou numa maior probabilidade de aumento da poupança. Uma vez que os agricultores precisam de capital para comprar mais stocks e activos agrícolas, têm de poupar para fazer face a estas despesas na empresa agrícola. Esta constatação está em consonância com o estudo de Robinson (1999) e Saifullah e Masahiro (2013), que afirmam que o investimento significa um acréscimo de capital, como acontece quando se constrói um novo estábulo ou se compram novos animais reprodutores diretamente para aumentar a produção no futuro. O coeficiente para a responsabilidade das crianças (ß = -0,1970) foi negativo e significativo ao nível de 5% de probabilidade. Isto implica que um aumento unitário da responsabilidade pelos filhos conduz a uma maior probabilidade de redução da poupança. Os resultados revelaram que, à medida que as necessidades das crianças (como o pagamento das propinas, a compra de vestuário, as despesas de alimentação e as despesas médicas) aumentam, isso afecta as poupanças dos inquiridos, o que, por sua vez, afecta o nível de investimento na empresa agrícola. Uma vez que a fonte de subsistência provém principalmente da empresa agrícola, para cuidar das responsabilidades dos filhos, os inquiridos reduzem as poupanças e aumentam o consumo.

Tabela: 3.5 Resultado da regressão logit dos factores que influenciam o padrão de poupança dos inquiridos

Variável	Coeficiente	Erro Std.	Estatística z	Prob.
Para melhorar o bem-estar	0.27342	0.1159	2.359	0.0183*
Viajar para o estrangeiro	-0.16313	0.1125	-1.4501	0.147
Para cobrir perdas	0.20448	0.1114	1.8352	0.0665*
Para expandir a atividade agrícola	0.500231	0.1725	2.8996	0.0037**
Para cumprir a responsabilidade das crianças	-0.19701	0.0945	-2.0847	0.0371*
Casamento	-0.23395	0.2377	-0.9843	0.325
Celebração do festival	-0.16052	0.1204	-1.3336	0.1823
Construção de casas	0.317668	0.1046	3.0384	0.0024**

Prob(LR statistic) = 0,000; R square = 0,859591; *significativo a 1% (P < 0,01), **Significativo a 5% (p < 0,05),

Fonte: Levantamento de campo computorizado, 2023.

3.6 Facilidades de poupança dos bancos de depósito de dinheiro disponíveis para os pequenos criadores de gado

A Tabela 3.6 apresenta as facilidades de poupança do Banco de Depósito de Dinheiro disponíveis para os criadores de gado de pequena escala. A partir da Tabela, observou-se que os agricultores pouparam as suas receitas geradas pela atividade agrícola através das seguintes facilidades de poupança do banco de depósito de dinheiro: sala de operações bancárias 13,3%, Ponto de Venda (POS) 78,9% e banca móvel 7,8%. Isto significa que a maioria (78,9%) da população agrícola utilizou mais os POS do que qualquer outra facilidade de poupança do banco de depósito de dinheiro. A implicação é que os criadores de gado de pequena escala não teriam acesso às facilidades de crédito do banco de depósito de dinheiro. Isto poderia resultar do facto de que os bancos de depósito de dinheiro não tinham acesso físico às poupanças dos criadores de gado em pequena escala, o que poderia talvez ter limitado o dinheiro físico disponível para os operadores bancários. Isto porque, os criadores de gado em pequena escala preferiam usar os POS em vez da sala de operações bancárias para efetuar transferências/levantamentos de dinheiro devido à sua experiência da política redesenhada da Naira da CBN para 2022/2023, que os impedia de aceder às suas poupanças nos bancos de depósito de dinheiro. Os criadores de gado em pequena escala preferiram os POS como meio menos stressante, eficiente e fiável de depósito de dinheiro (poupanças) em vez de desperdiçarem o seu tempo, que poderia ter sido dedicado à sua atividade agrícola, em filas de espera na sala dos bancos para depósitos e levantamentos de dinheiro. Os serviços dos POS encorajaram as poupanças dos criadores de gado de pequena escala, porque lhes permitem depositar e levantar dinheiro em qualquer dia e a qualquer hora, em comparação com o balcão do banco, que só abre para negócios nos dias úteis oficiais. Este estudo está em consonância com o relatório da CBN (2022), que referiu que existem mais serviços bancários de POS disponíveis para poupança do que outras facilidades de poupança, com 1.115.272 terminais POS, 219.958 ATMs e 5.797 agências bancárias (balcão bancário). O estudo revelou que a maior parte dos terminais POS era propriedade de operadores bancários de carteiras electrónicas (Opay, Palmpay, banco de microfinanças Kuda, Monipoint, etc.) e não de bancos convencionais de depósito de dinheiro. Tal implicaria que os bancos de depósitos monetários teriam um limite de liquidez disponível para conceder empréstimos ao sector empresarial. Esta situação afectaria a economia, uma vez que os bancos de depósitos monetários não têm acesso às poupanças dos pequenos criadores de gado e, como tal, provavelmente não poderiam conceder empréstimos suficientes ao sector empresarial para fins de investimento.

Tabela: 3.6 Facilidades de poupança de depósito de dinheiro disponíveis para os criadores de gado de pequena escala

Facilidades de poupança dos bancos de depósito de dinheiro	Percentagem	Percentagem
Salão bancário	32	13.3
Ponto de venda (POS)	189	78.9
Banca móvel	19	7.8
Total	240	100.0
Fonte: Calculado a partir do Inquérito de Campo, 2024.		
3.7 Constrangimentos que afectam os pequenos serviços dos bancos de depósito de dinheiro	Escala Pecuária	Acesso dos agricultores

Os constrangimentos que afectam os criadores de gado de pequena escala no acesso aos serviços dos bancos de depósito de dinheiro na área de estudo são apresentados no quadro 3.7. Utilizando a escala de likert de 3 pontos, com 3,00 muito grave, 2,00 grave e 1,00 não grave, o valor médio de referência foi de 2,00. A partir do resultado, os constrangimentos com valores médios acima de 2,00 foram considerados constrangimentos muito graves que afectam os inquiridos por ordem decrescente. Entre estes, destacam-se a longa distância até à instituição financeira (Média = 2,53), as taxas cobradas pelas mensagens de alerta ATM e SMS (Média = 2,27), as dificuldades no preenchimento do formulário de empréstimo (Média = 2,23), o requisito de saldo mínimo (Média = 2,17), as elevadas taxas de juro cobradas sobre o empréstimo (Média = 2,13), a curta duração do reembolso (Média = 2,13), a fraca compreensão das instituições financeiras e dos seus serviços (Média = 2,10), o rendimento baixo e irregular (Média = 2,03). Pode, portanto, concluir-se que os criadores de gado em pequena escala, confrontados com alguns níveis de constrangimentos, afectaram o seu acesso aos serviços dos bancos de depósito de dinheiro, o que reduziu a sua taxa de poupança. Isto significa que, se os criadores de gado em pequena escala tiverem acesso às facilidades de poupança dos bancos de depósito de dinheiro, a taxa de poupança aumentará na área de estudo. A implicação da falta de facilidades de poupança dos bancos de depósito de dinheiro para os criadores de gado em pequena escala levaria a uma baixa taxa de poupança que reduziria a taxa de investimento. Só quando há poupanças é que o investimento é possível, porque as poupanças motivariam o investimento e o investimento criaria oportunidades de emprego, reduziria o desemprego e a pobreza entre os criadores de gado em pequena escala na área de estudo. Esta constatação está em consonância com o relatório do ADBI (2002), que observou que as instituições financeiras podem contribuir para o desenvolvimento do sistema financeiro dos criadores de gado em pequena escala e melhorar a sua subsistência económica, se for implementada uma política adequada para harmonizar as poupanças dos criadores.

Tabela: 3.7 Constrangimentos que afectam os pequenos criadores de gado no acesso aos serviços do banco de depósito de dinheiro

Variable	Mean
Long distance to financial institution	2.53*
Fees charges for ATM and SMS alert messages	2.27*
Difficulties in completing the loan form	2.23*
Minimum balance requirement	2.17*
High interest rate charges on loan	2.13*
Short repayment duration	2.13*
Poor understanding of financial institutions and their services	2.10*
Low and irregular income	2.03*
Rigorous identification requirement	1.8
Insistence on collaterals	1.73

Atraso no desembolso do empréstimo aprovado 1.7 * > 2 Grave

Fonte: Calculado a partir do inquérito de campo, 2024

3.8. Constrangimentos que militam contra a poupança dos inquiridos

Os constrangimentos que militam contra a poupança na zona de estudo são apresentados no quadro 8.3. Utilizando a escala de likert de 3 pontos, com 3,00 muito grave, 2,00 grave e 1,00 nada grave, o valor médio de referência foi de 2,00. A partir do resultado, os constrangimentos com valores médios superiores a 2,00 foram considerados muito graves, afectando os inquiridos por ordem decrescente. Entre estes, a inflação (X- = 2,72), os custos de produção elevados (X- = 2,57), o baixo rendimento (X- = 2,22), o surto de doenças (X- = 2,22) e a responsabilidade das crianças (X- = 2,03). Conclui-se, portanto, que os inquiridos em estudo enfrentavam alguns constrangimentos que os impediam de poupar. A partir dos resultados, observou-se que a elevada taxa de inflação e o elevado custo de produção exerceram pressão sobre as poupanças dos inquiridos. Em vez de pouparem, acabaram por gastar tanto o capital como as suas poupanças. Os resultados revelaram ainda que o aumento dos preços dos combustíveis (Prime Motor Spirit) devido à supressão dos subsídios aos combustíveis e o efeito subsequente da política de redesenho do Naira, mal implementada pela CBN em 2022/2023, podem ter feito disparar o preço dos factores de produção agrícola, sobretudo os preços dos alimentos para animais, que representam agora mais de 70% dos custos totais de produção na empresa agrícola. Isto também reduziu o rendimento dos inquiridos, o que afectou igualmente as poupanças na área de estudo. Também se observou na área de estudo que o surto de doenças obrigou os agricultores a gastar as suas poupanças em medicamentos/vacinas muito caros e na contratação de médicos veterinários, o que invariavelmente reduz drasticamente as poupanças dos criadores de gado de pequena escala, deixando-os, na maioria das vezes, com poucas ou nenhumas poupanças. Resultados semelhantes foram relatados por David (2008) e Odoemenen et al. (2013) que, nos seus estudos separados, revelaram que os criadores de gado em pequena escala eram mais constrangidos a fazer poupanças adequadas devido ao baixo rendimento, à falta de mercado, aos elevados custos de produção, ao surto de doenças, aos valores culturais e aos factores ecológicos.

Tabela: 3.8 Constrangimentos que militam contra a poupança dos inquiridos

Variável Média

Variável	Média
Inflação	2.72*
Custos de produção elevados	2.57*
Rendimento baixo	2.23*
Surto de doença	2.22*
Responsabilidade dos filhos	2.03*
Furto/roubo de animais	1.79
Valores culturais	1.61
Factores ecológicos	1.66
Sem vendas	1.44

*>2.00 grave

Fonte: Calculado a partir do inquérito de campo

4. PADRÕES DE INVESTIMENTO DAS POUPANÇAS DOS CRIADORES DE GADO EM PEQUENA ESCALA

Os padrões de investimento em poupanças pelos criadores de gado em pequena escala na área de estudo são apresentados no Quadro 4.1 e na Figura 4.1. A partir do quadro, observou-se que os criadores de gado em pequena escala se dedicam à atividade de produção animal e geram receitas da exploração agrícola. Este rendimento gerado pela exploração agrícola foi utilizado em três contas de carteira diferentes, que incluem a conta de carteira de consumo, a conta de carteira de poupança e a conta de carteira de investimento. No que se refere à conta de investimento, o estudo revelou que 98% dos inquiridos investiram o rendimento da exploração diretamente na sua empresa agrícola. Na conta carteira de poupança, 88% dos inquiridos concordaram que guardavam parte do rendimento da exploração na conta carteira de poupança. Por outro lado, na conta de consumo, 5% dos inquiridos consumiram o rendimento agrícola.

Isto significa que 5% dos inquiridos não pouparam nem investiram na sua exploração agrícola. Portanto, não houve crescimento na sua empresa agrícola. Além disso, um grande número de inquiridos na área de estudo (95%), discordou que eles consumiram as receitas geradas pela empresa agrícola. Isto implica que a maioria (95%) dos inquiridos compreendeu a importância da poupança, o que está de acordo com a teoria do consumo autónomo que afirma que nenhum agricultor ou agricultores consomem todos os seus ganhos de uma só vez. Isto indica que uma parte das receitas da exploração agrícola foi consumida, outra parte foi poupada e a restante foi investida. Este estudo confirmou a teoria do crescimento económico de Harrod-Domar, que afirma que todas as economias devem poupar uma certa proporção do seu rendimento, nem que seja para substituir o capital desgastado ou deficiente, como os bens agrícolas e os animais reprodutores.

Quadro 4.1 Padrões de investimento em poupanças dos criadores de gado de pequena escala (n = 240)

Parâmetros	De acordo (%)	Discordou (%)
Conta carteira de investimento	98	2
Conta poupança-carteira	88	12
Conta da carteira de consumo	5	95

Fonte: Inquérito de campo, 2023

Para explicar melhor os padrões de investimento em poupanças dos pequenos agricultores na área de estudo, o investigador desenvolveu um esquema, tal como apresentado na figura 4.1. As variáveis (agricultores, consumo, poupanças, investimento e crescimento) utilizadas no desenvolvimento do esquema, foram consideradas inter-relacionadas. A partir do esquema, observou-se que o agricultor está envolvido na atividade agrícola e, como resultado, gera receitas. As receitas geradas podem ser utilizadas em três contas de carteira que incluem a conta de carteira de consumo, a conta de carteira de poupança e a conta de carteira de investimento.

4.1 Conta Carteira de Consumo

Se o agricultor consumisse todas as receitas geradas pela exploração agrícola sem poupar parte ou investir alguma parte na empresa agrícola, a exploração não cresceria. A implicação é que isso conduziria a um baixo poder de compra da economia, a indicadores económicos fracos, a um PIB baixo e a uma pobreza extrema, como ilustrado no esquema.

Conta Poupança Carteira

Na conta da carteira de poupança, se o agricultor consumir todas as poupanças da carteira de poupança, como mostram as setas de consumo, sem investir parte do rendimento, o crescimento da empresa agrícola manter-se-á constante. Mas se o agricultor consumir uma parte das poupanças na conta da carteira de poupança e investir o resto em novas acções ou diversificar, a exploração agrícola crescerá e o crescimento da exploração agrícola provocará o seguinte efeito multiplicador:

1. elevado poder de compra da economia

2. criar oportunidades de emprego, uma vez que a exploração agrícola necessitará de mais trabalhadores para gerir o crescimento da empresa agrícola;

3. aumento do PIB, uma vez que as explorações agrícolas pagam impostos ao Estado;

4. aumento do nível de vida dos criadores de gado em pequena escala.

Conta Carteira de Investimento

Na conta carteira de investimentos, se o agricultor continuar a investir as receitas da conta carteira de investimentos na empresa agrícola, chega-se a um ponto em que o crescimento da empresa agrícola começa a diminuir. No entanto, o investimento em equipamento agrícola pode inicialmente aumentar a produção. No entanto, a um certo ponto, a produção óptima por equipamento agrícola será atingida. Para além desse ponto, a eficiência de cada equipamento agrícola adicional diminuirá porque os outros factores de produção permanecem inalterados. Este facto está em conformidade com a lei dos rendimentos decrescentes, segundo a qual, à medida que o investimento na empresa agrícola aumenta, a taxa de lucro desse investimento, após um certo ponto, não pode continuar a aumentar se as outras variáveis se mantiverem constantes. medida que o investimento continua e ultrapassa esse ponto, a taxa de crescimento começa a diminuir.

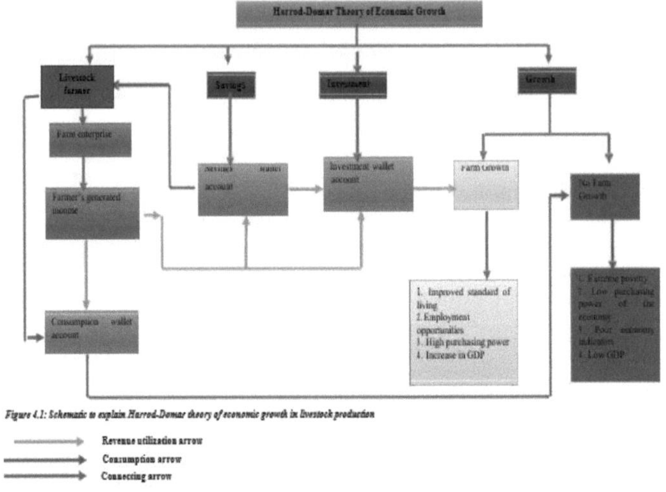

Figure 4.1: Schematic to explain Harrod-Domar theory of economic growth in livestock production

4.2 Teste de hipóteses

Hipótese (Ho): Os factores comportamentais não influenciam os padrões de poupança dos inquiridos

A fim de examinar os factores que influenciam os padrões de poupança dos inquiridos no estudo, foi testada a hipótese nula de que os factores comportamentais dos inquiridos não influenciam os padrões de poupança através do teste do rácio de verosimilhança (LR). Tendo em conta o resultado da análise na tabela 4.2, foi revelado que as estatísticas LR = 0,000; P < 0,01 eram significativas ao nível de 1% de probabilidade. Uma vez que isto foi significativo, a hipótese nula foi rejeitada, enquanto a hipótese alternativa, que afirmava que os factores comportamentais influenciam os padrões de poupança dos inquiridos, foi aceite. Isto significa que os factores comportamentais, que incluem a melhoria do bem-estar, a proteção contra perdas, a expansão da exploração agrícola e a construção de casas, influenciaram positivamente os padrões de poupança dos inquiridos, ao passo que as responsabilidades com os filhos influenciaram negativamente os padrões de poupança dos inquiridos. Isto implica que as variáveis comportamentais motivaram os criadores de gado de pequena escala a poupar.

Tabela 4.2 Hipótese (Ho1): Os factores comportamentais não influenciam os padrões de poupança dos inquiridos

Variável	Coeficiente	Std. Erro	Estatística z	Prob.
Para melhorar o bem-estar	0.27342	0.115903	2.359	0.0183*
Para cobrir perdas	0.20448	0.111419	1.83521	0.0665**
Para expandir a atividade agrícola	0.500231	0.172519	2.899571	0.0037**
Para cumprir a responsabilidade das crianças	-0.19701	0.094502	-2.08467	0.0371*
Construção de casas	0.317668	0.104551	3.0384	0.0024**
Prob(estatística LR)	0.000			
Praça R	0.859591			

Fonte: Inquérito de campo, 2023

5. CONCLUSÃO

O estudo mostrou que a forma informal de poupança era popular entre os criadores de gado de pequena escala. Eles poupavam para os seguintes objectivos: melhorar o bem-estar, proporcionar um amortecedor, expandir a atividade agrícola, cumprir as responsabilidades dos filhos e construir uma casa. Todas estas variáveis listadas foram também factores significativos que influenciaram a decisão de poupança dos inquiridos na área de estudo. No entanto, a inflação, os elevados custos de produção, o baixo rendimento, o surto de doenças e a responsabilidade dos filhos foram alguns dos factores que limitaram a poupança dos inquiridos. Para mitigar estes constrangimentos de forma eficaz, o estudo revelou que os agricultores deviam desenvolver três contas de carteira que incluíssem contas de carteira de consumo, poupança e investimento para gerir as receitas geradas pela empresa agrícola. Isto significa que, para encorajar a poupança, devem ser feitos esforços para persuadir os criadores de gado de pequena escala a adotar contas de consumo, poupança e investimento, a fim de gerir as receitas geradas pela sua empresa agrícola, de modo a eliminar os constrangimentos à poupança. Isto ajudará a promover melhores práticas de poupança e a melhorar os meios de subsistência económica dos criadores de gado em pequena escala.

REFERÊNCIAS

Adams, A.S.D Caesar, L.Nana,Y.A. (2016).What Informs Farmers' Choice of Output Markets? O caso da produção de milho, feijão-frade e gado no norte de Ghanarnal of Rural Management. 18(3): 34-40. https://doi//:10.1177/0973005221994425.

Adebayo, O.O e Adeola, R.G. (2005). Socio-economic factors affecting poultry farmers in Ejigbo Local Government Area of Osun State. Journal of Disaster Risk Science. 3(4). 207-217.

Ajayi, C. A. (1998). Avaliação e análise do investimento imobiliário, publicação De-ayo, Ibadan.15-16.

Amoss, T.T. (2007). An analysis of Productivity and Technical Efficiency of Small Holder Cocoa Farmers, in Nigeria (Uma análise da produtividade e da eficiência técnica dos pequenos produtores de cacau na Nigéria). Journal of Social Science. 15(2): 127-133.

Amu, M.E.K. e Amu, E.K. (2012). Comportamento de poupança no Gana. A Study of rural households in the Ho Municipality of the Volta Region. Journal of Social Sciences Research, 1(2): 54-61.

Atoyebi, G.O., Ijaiya, G.T. & Ijaiya, M.A. (2010). Problem of informal microfinance in Kwara State: implication for rural finance policy in Nigeria. Revista Internacional de Economia e Finanças. 5(1-2). 159-169.

Asia Development Bank Institutes, (2002). Track records of financial institutions in assisting the poor in Asia. 49: 1-30.

Barbara, W.; Agnieszka, K.K. e Agnieszka, S.R. (2020), Savings of small farm: A sua magnitude, determinantes e papéis no desenvolvimento sustentável. Exemplo da Polónia. MDPI Agricultural Journal,10(11). https://doi.org/10.3390/agriculture10110525.

Browning, M. e Lusardi, A. (1996). Household Saving: Micro Theories and

Microfacts. Journal of Economic Literature. 34(4): 1797-1855.

Banco Central da Nigéria, (2005). Política de microfinanças, quadro regulamentar e de supervisão para a Nigéria: CBN Abuja. 2.

Banco Central da Nigéria (2020). Boletim Estatístico do Banco Central da Nigéria, edição de 2020.

Banco Central da Nigéria (2022). Boletim Estatístico do Banco Central da Nigéria, edição de 2020.

David, K. e FAO. (2008). Managing Risk in Farming. www.fao.org/publications.

Ekunwe, P. A. e Soniregun, O. O. (2007). Profitability and Constraints of Median Scale Battery Cage System of Poultry Egg Production in Edo State, Nigeria (Rentabilidade e constrangimentos do sistema de gaiolas em bateria de escala média de produção de ovos de aves de capoeira no Estado de Edo, Nigéria). International Journal of Poultry Science. 6(2): 118-121.

Dixon, J.; Gulliver, A. e Gibbon, D. (2009). Farming Systems and Poverty (Sistemas Agrícolas e Pobreza): Improving farmers' livelihoods in a changing world (Melhorar os meios de subsistência dos agricultores num mundo em mudança). Roma e Washington D.C.: FAO e Banco Mundial

FAO, (2017). Definindo o produtor de alimentos em pequena escala para monitorar as metas 2.3. da agenda 2030 para o desenvolvimento sustentável. Série de documentos de trabalho da Divisão de Estações da FAO

Ministério Federal da Agricultura e do Desenvolvimento Rural e Banco Mundial. (2020). Roteiro da pecuária da Nigéria para a melhoria da produtividade e a resiliência

Gandhimathi, S. e Vanitha, S. (2010). Determinantes do comportamento de empréstimo dos agricultores. Um estudo comparativo de bancos comerciais e cooperativos. Agricultural Economics Research Review, 23: 157- 164

Hirschland, M. (2005). Beyond Full-Service Branches: other delivery option. Um guia operacional, Bloomfield, CT: Kumarian Press.

Gardiol, A.K. (2004). Mobilizing savings -Key issues and good practices in savings promotion. Les determinants de l'epargne et des choixd'investissement des ménages au Nicaragua, Departementd'Econometrie et d'EconomiePolitique, Universite de Lausanne, março. 14-20

Gersovitz, M. (1988). Poupança e desenvolvimento, em H.B. Chenery, e T.N. Srinivasan, (Eds.) Handbook of Development Economics.1: 382-424. Elsevier Science Publishers.

Ike, P. C. e Idoge, D.E. (2006). Determinantes da poupança financeira entre as famílias rurais no Estado do Delta, Nigéria. Journal of Applied Chemistry and Agricultural Research, 9: 95-103.

Loayza, N. e Shankar, R. (2000). Private savings in India, The World Bank Economic Review,14(3):571-594.

Maikasuwa, M.A. Jabo, M.S.M. (2011). Rentabilidade da avicultura de quintal na metrópole de Sokoto, Estado de Sokoto, Noroeste, Nigéria. Nigerian Journal of Basic and Applied Sciences 19(1) https://doi.org//:10.4314/njbas.v19i1.69354.

Mkpado, M. e Arene, C.J. (2010). A conceção do grupo afecta a mobilização de poupanças dos grupos rurais de microcrédito agrícola? Evidence from Nigeria. Assuntos Económicos, 55(3/4): 231-242.

Mammal, B.Y.; Ahmad, M.M. Mustapha, A. e Malaba, K.M. (2019). Avaliação da capacidade de poupança e investimento dos pequenos produtores de tomate no Estado de Jigawa, Nigéria. www.patnsukjournak.net/currentissue.

Nagayets, O. (2005). Pequenas explorações agrícolas: Situação atual e principais tendências. In: O Futuro das Pequenas Explorações Agrícolas. Proceedings of a Research Workshop, Wye, UK, June 26-29. Washington, D.C.: Instituto Internacional de Investigação sobre Políticas Alimentares

NBS (2022). Produto Interno Bruto da Nigéria Q1, 2022

Nina, G. (2020) Melhorar a segurança alimentar na Nigéria através da inovação na pecuária. Instituto de Estudos Africanos da Academia Russa de

Ciências, Centro de Estudos de Economia de Transição, 123001, Moscovo, Rússia. https://doi.org/10.1051/e3sconf/202017601010

Nweze, N.J. (1990). The Structure, Functioning and Potential of Indigenous Co-operative Credit Association in Financing Agriculture. The Case of Anambra and Benue State Nigeria.
*Tese de doutoramento não publicada Departamento de Economia Agrícola Universidade da Nigéria Nsukka).

Nwodo, O.S., Ozor, J e Okekpa, U.E. (2017). Comportamento de poupança entre proprietários de empresas de pequena escala na Nigéria (um estudo de caso da metrópole de Enugu). Revista Internacional de Economia e Investigação Empresarial. 7(10). 172- 186.https://doi.org/10.6007/IJARBSS/v7-i10/3369.

Odoemenem, I.U.; Ezihe, J.A.C. e Akerele, S.O. (2013). Padrão de poupança e investimento dos pequenos agricultores do Estado de Benue, Nigéria. Global Journal of Human Social Science Sociologia e Cultura, 13(1): 7-12.

Ogbonna, S.I. (2018). Estratégias de poupança informal entre as famílias chefes de explorações agrícolas na área do governo local de Haifa do Estado de Abia, Nigéria: uma análise da situação em termos de género. Jornal Agrícola da Nigéria. 49. 284- 293 Disponível online em: http://www.ajol.info/index.php/naj.

Ohajianya, D.O., Mgbada, P.N. Onu, J.U., Enyia, C.O., Henri-Ukoha, A., Ben-Chendo, N.G., e Godson-Ibeji. C.C. (2013). Eficiências técnicas e económicas na produção de aves de capoeira no estado de Imo, Nigéria. American Journal of Experimental Agriculture 3(4): 927-938.

Oladunni, M.E. e Fatuase, A.I. (2014). Análise económica da avicultura de quintal na área do governo local de Akoko North West do estado de Ondo, Nigéria. Global Journal of Biology, agriculture & Health Science, 3(1): 141-147.

Oluwakemi, A.O. (2012). Comportamento de poupança dos agregados familiares rurais no Estado de Kwara, Nigéria. Revista Africana de Ciências Básicas e Aplicadas, 4(4): 115- 123.

Oluwakemi, A.O. (2013). Determinantes da taxa de poupança na Nigéria rural:

A Micro Study of Kwara State. Journal for the Advancement of Developing Economies (Jornal para o Avanço das Economias em Desenvolvimento).

Oluwepo, R. A. (2010). Determinação do rendimento dos agricultores rurais: A Rural Nigeria Experience. Jornal de Estudos Africanos sobre Desenvolvimento, 2(4): 99-108

Onuoha, O. (2013). O determinante da poupança na Nigéria (1985-2011). Um projeto de investigação apresentado ao Departamento de Economia, Universidade Caritas, Estado de Enugu

Osifo, A. A. e Daramola, A.G. (2016). Análise da utilização de crédito e os determinantes do microcrédito na agricultura de culturas arvenses no estado de Edo, Nigéria. Jornal de Agricultura e Ciência Veterinária.9. 54-58.

Osondu, C. K.; Obike, K. C. e Ogbonna, S. I. (2015). Padrões de poupança, renda e investimento e seus determinantes entre os pequenos agricultores de culturas arvenses no território da capital de Umuahia, estado de Abia, Nigéria. Jornal Europeu de Pesquisa em Negócios e Inovação, 3(1): 51-70.

Orbeta, A.C. (2006). Children and household savings in the Philippines. Philippine Institute for Development Studies, Discussion Paper, Series No. 2006- 14.

Osundare, F.O. (2013). Determinantes socioeconómicos do rendimento, poupanças e investimentos entre os produtores de cacau na área do governo local de Idanre do Estado de Ondo, Nigéria. Revista Internacional de Agricultura e Ciência Alimentar, 4(5): 428 - 436

Jornal de Notícias Premium Times, (2017). Inclusão financeira: How Nigerian small-scale farmers are locked out alcançar a inclusão financeira na Nigéria requer intervenções que reforcem a capacidade financeira, a participação e o bem-estar. https://www.premiumtimesng.com/business/financial-inclusion/449335-financial-inclusion-how-nigerian-small-scale- farmers-are-locked-out.html?tztc=1.

Robinson, J. (1956). The accumulation of capital. London. Macmillan & Co.

Ltd.

Rottger, A. (2002). Strengthening Farm-Agribusiness linkages in Africa, Actas da consulta de peritos, Nairobi, 23-27.

Rutherford, S. (1999).The Poor and Their Money, Oxford University Press, U.S.A.

Saifullah, S. e Masahiro, M. (2013). Promoção do investimento para o aumento da produção e da produtividade no sector agrícola. Publicação da FAO de 2013

Sheu. U.A. e Akinyinka, A. (2013). Contribuição das explorações agrícolas de pequena e grande escala e do investimento estrangeiro e lambido para o crescimento agrícola: o exemplo da Nigéria: Leiden e Boston.https://doi.org/10.1163/978900426

Shitu, G.A. (2012). Rendimento do agregado familiar rural e padrão de poupança no sudoeste da Nigéria. Agricultural Journal, 7(3): 172-176.

Snehal J.M e Avadhoot, P. (2021). a study of savings and investment pattern of semi-medium and medium farmers with special reference to western Maharashtra plan zone - literature review,-- Palarch's Journal Of Archaeology Of Egypt/Egyptology, 18(10), 3192-3202.

Sunday, B.A.; Edet, J.U. e Ebirigor, A.A. (2011). Análise dos determinantes da poupança entre os trabalhadores de empresas de base agrícola na Nigéria: uma abordagem de equação simultânea. Pesquisa em Ciências Humanas e Sociais, 1(3): 1-11.

Uchendu, G. Ihedioha, I.J. & Chioa, O. (2015). Distribuição e características das explorações avícolas no Estado de Enugu, Nigéria, após o surto de gripe aviária altamente patogénica de 2007. International Journal of Livestock Production 6(3):41-46.DOI:10.5897/IJLP14.0234.

Ukwuteno, S.O.; Attah, H. e Audu, S.I. (2011). The effects of Micro- credit Scheme Fund on Agricultural Productivity and Production in Ankpa Local Government Area of Kogi State, Nigeria. Actas da Associação Nigeriana de Economistas Agrícolas, realizada na Universidade de Benim, de 12 a 16 de novembro. 383 - 385

Uwgwuja, V.C. (2014). Análise do acesso de género ao microcrédito entre agro-empresários na região do Delta do Níger, na Nigéria.
Tese de doutoramento não publicada apresentada ao Departamento de Economia Agrícola da Faculdade de Agricultura da Universidade da Nigéria, Nsukka.

Upton, M. (2004). O papel do desenvolvimento da pecuária na redução económica e da pobreza. Documento de trabalho do PPLPI, volume 10. http://fao.org/ag/pplpi.html

Wolz, A. (1997). "O transporte do sistema financeiro rural no Vietname" Discussionsschriften der Foreschungsstelle fur Internationale Wirtschafts-und Agraentwicklung eV (FIA) 60 Heidelberg.

Grupo do Banco Mundial, (2016). A year in the lives of smallholder farmers. https://www.worldbank.or/en/news/feature/2016/02/25/q-year-n- the-lives-of-smallholder-farming-families.

Zeller, M. e Sharma, M. (2000). Many borrow, more save and all insure: Implications for food and micro finance policy. Food Policy. 25: 143-167.

Printed by Books on Demand GmbH, Norderstedt / Germany